Lorenzo Giorgi

UN SEMPLICE ENIGMA PER FISICI.

PRIMA EDIZIONE.

---

con illustrazioni di Ornella Campanino.

I edizione.
Titolo: *Un semplice enigma per fisici.*
© 2017 Copyright Lorenzo Giorgi.
© 2017 Illustrazioni di Ornella Campanino.
ISBN 978-1981550166
Vietata la riproduzione anche parziale.
Tutti i diritti di traduzione sono riservati. Nondimeno, chi volesse collaborare con noi per tradurre questo libro in lingua diversa dall'Inglese, può contattarmi al seguente indirizzo di posta elettronica (per favore, allegare Curriculum Vitæ): lg.universita@gmail.com

SOMMARIO

Prefazione VII

Il problema 1

J percorre una distanza maggiore rispetto a W 3

Le due automobili tengono la medesima velocità media in ogni tratto di strada 13

Riassunto 15

Soluzione 17

Ultime osservazioni 19

PREFAZIONE.

Che noia un lungo viaggio d'auto in solitaria!

Come si può ingannare il tempo? Alcuni preferiscono ascoltare la radio, altri il suono delle proprie ganasce intente a triturare qualche spuntino sottratto a uno scaffale d'autogrill. Io no.

Solitamente non faccio altro che attendere la fine del viaggio, annoiandomi… molto, povero me!

Mi sposto in automobile due volte a settimana fra Pisa e Grosseto, due belle città della Toscana. Sono un biologo, e un musicista; certamente non un fisico. Tuttavia, quando m'assale il tedio, la mia mente sfodera prontamente numerose armi, delle più diverse, cosicché la noia è sempre colta di sorpresa e sconfitta.

Quel venerdì spirava un vento poderoso diretto a nord. Io, invece, mi dirigevo a sud, verso Grosseto. Poiché generalmente non amo consumare benzina — per proteggere l'ambiente, ben inteso, non per risparmiar denaro… —, un giorno ventoso significa spesso un Lorenzo lento, e dunque un lungo viaggio in macchina; in altre parole, noia. Questa volta, la mia mente cercò di rompere l'assedio col potere della Scienza. Superai un veicolo in autostrada, quindi tornai sulla mia corsia — cioè quella di destra, perché non pensiate che guidi come un pazzo. Non so poi se io abbia inavvertitamente rallentato un poco, o se l'automobile dietro di me abbia accelerato, ma in ogni caso il veicolo alle mie spalle ha raggiunto una velocità estremamente simile alla mia, così che abbiamo proseguito per del tempo separati da una distanza quasi immutabile.

Poi, l'evento ispiratore: la strada si fece in discesa per qualche centinaio di metri, oltre i quali tornò orizzontale. Non appena fui in grado di vedere nuovamente il veicolo alle mie spalle, mi si definì nella mente un problema di Fisica: «Cara noia», pensai, «ancora una volta sei sconfitta!»

Sono lieto d'intrattenere i lettori attraverso la stessa sfida mentale che mi tenne compagnia durante quel viaggio in auto. Possa allietare la vostra giornata!

E v'offro un suggerimento: usatela come sfida per i vostri amici, per i vostri studenti, per il pubblico dei vostri seminarî, e per tutti coloro che son dotati d'una mente tanto brillante, da potersi rallegrare per una sfida intellettuale!

Lorenzo Giorgi.

1.

IL PROBLEMA

Due automobili *W* e *J* procedono l'una dietro l'altra su un tratto lineare di strada del tutto privo d'attrito. Al principio dell'osservazione, *W* e *J* si muovono nella medesima direzione e alla medesima velocità costante *k*. *W* segue *J* da una distanza d:

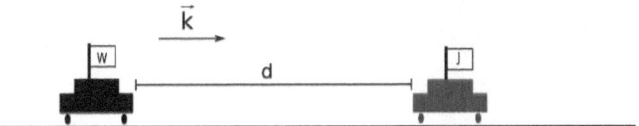

Il percorso è orizzontale per una distanza *l* davanti a *J*. Segue una discesa di lunghezza $h < d$; l'inclinazione è α. Infine, la strada ritorna ad essere orizzontale:

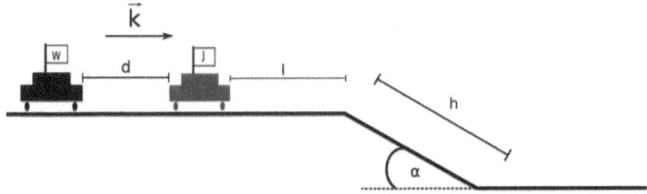

Al termine dell'osservazione, entrambe le macchine hanno raggiunto il secondo tratto orizzontale di strada. *W* e *J* sono ora separate da una distanza *δ*:

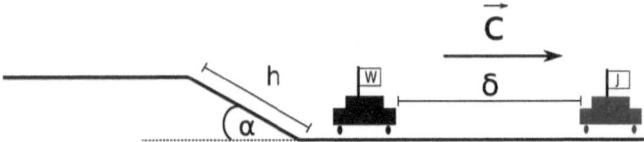

L'accelerazione è solamente quella dovuta alla gravità terrestre, ed è limitata al tratto in discesa. Chiameremo *T* la durata totale della nostra osservazione.

———

I paragrafi qui sotto dimostreranno che, al termine dell'osservazione, *W* si trova ancora alle spalle di *J*. Dimostreranno inoltre che le due macchine mantengono la medesima velocità media in ciascuno dei tre tratti di strada (orizzontale a monte, discesa, orizzontale a valle). Il tempo di osservazione è fisso. Tuttavia, si dimostrerà che $δ > d$; in altre parole, si dimostrerà che *J* avrà coperto una distanza maggiore rispetto a *W*. **Spiegate questo paradosso.**

2.

J PERCORRE UNA DISTANZA MAGGIORE RISPETTO A W.

Distingueremo cinque fasi:

- Fase 1 — dal principio dell'osservazione all'istante in cui J raggiunge la sommità della discesa;

- Fase 2 — dall'istante in cui J raggiunge la sommità della discesa all'istante in cui ne raggiunge il fondo (W sta ancora procedendo in piano);

- Fase 3 — dall'istante in cui J raggiunge il fondo della discesa all'istante in cui W raggiunge la sommità della stessa;

- Fase 4 — W percorre la discesa;

- Fase 5 — dall'istante in cui W raggiunge il fondo della discesa al termine dell'osservazione.

Chiamiamo t_0 l'istante d'inizio della Fase 1, t_1 l'istante d'inizio della Fase 2, e così via. L'osservazione termina all'istante t_5. Definiamo inoltre:

$$\begin{aligned} \tau_1 &= t_1 - t_0; \\ \tau_2 &= t_2 - t_1; \\ &\cdots \end{aligned}$$

Così che:

$$\sum_{i=1}^{5} \tau_i = T$$

Faremo uso della variabile θ. Definiamo questa variabile come:

$$\theta = t - t_b$$

dove t_b è l'istante d'inizio della Fase in esame. Così, per esempio, durante la Fase 3:

$$\theta = t - t_2$$

Entro ciascuna Fase, θ varia tra 0 e il valore τ corrispondente alla Fase in esame, vale a dire la durata della Fase stessa.

La variabile θ è necessaria, in quanto la nostra analisi procede dal calcolo delle distanze coperte rispettivamente da J e da W. Infatti, dal momento che:

$$v = \frac{ds}{d\theta}$$

la quantità di spazio percorso fra due istanti t_n e t_m sarà calcolata come:

$$S = \int_{\theta_n}^{\theta_m} v d\theta$$

dove:

$$\theta_n = t - t_n \wedge \theta_m = t - t_m$$

FASE 1

Entrambe le automobili si muovono a velocità costante:

$$v_J = v_W = k$$

Pertanto, detta $S_{J,1}$ la distanza coperta da J nel corso della Fase 1:

$$S_{J,1} = \int_0^{\tau_1} k d\theta = k\tau_1 - k \cdot 0 = k\tau_1$$

E ovviamente:

$$S_{W,1} = k\tau_1$$

Dunque:

$$\Delta S_1 = S_{J,1} - S_{W,1} = k\tau_1 - k\tau_1 \implies \boxed{\Delta S_1 = 0} \quad (1)$$

FASE 2

J sta accelerando. L'accelerazione a è costante e legata alla gravità come segue:

$$a = g(\sin \alpha)^{-1}$$

L'esatto valore di a non ha importanza. Ciò che conta è che tale valore è noto e facile da calcolare. Per mantenere una notazione semplice, continueremo ad indicare l'accelerazione come a, anzichè come funzione dell'inclinazione α.

Ora, la velocità dell'automobile J aumenta secondo l'equazione:

$$v = k + a\theta$$

Ergo:

$$S_{J,2} = \int_0^{\tau_2} (k + a\theta)d\theta = \frac{1}{2}a\tau_2^2 + k\tau_2 - a \cdot 0^2 - k \cdot 0 =$$
$$= \frac{1}{2}a\tau_2^2 + k\tau_2$$

W, invece, sta ancora muovendosi a velocità costante k. Pertanto:

$$S_{W,2} = k\tau_2$$

Ergo:

$$\Delta S_2 = S_{J,2} - S_{W,2} = \frac{1}{2}a\tau_2^2 \implies \boxed{\Delta S_2 > 0} \qquad (2)$$

FASE 3

Entrambe le automobili si spostano a velocità costante; infatti, J ha ormai raggiunto la velocità massima c, mentre W sta ancora muovendosi alla velocità iniziale k. Ergo:

$$S_{J,3} = \int_0^{\tau_3} c\,d\theta = c\tau_3 - c \cdot 0 = c\tau_3$$

Mentre:

$$S_{W,3} = \int_0^{\tau_3} k\,d\theta = k\tau_3 - k \cdot 0 = k\tau_3$$

Onde:

$$\Delta S_3 = S_{J,3} - S_{W,3} = c\tau_3 - k\tau_3 = (c-k)\tau_3$$

Ergo:

$$\boxed{\Delta S_3 > 0} \qquad (3)$$

FASE 4

J si muove a velocità costante c. Perciò:

$$S_{J,4} = \int_0^{\tau_4} c\,d\theta = c\tau_4 - c \cdot 0 = c\tau_4$$

W, invece, accelera. La sua accelerazione a è costante e legata alla gravità dalla relazione:

$$a = g(\sin\alpha)^{-1}$$

La velocità dell'automobile W aumenta secondo l'equazione:

$$v = k + a\theta$$

Consideriamo ora la velocità media tenuta da W durante la Fase 4. Se chiamiamo tale velocità x:

$$S_{W,4} = x\tau_4$$

Ergo:

$$\Delta S_4 = S_{J,4} - S_{W,4} = c\tau_4 - x\tau_4 = (c-x)\tau_4$$

Osserviamo, in particolare, che:

$$c > x \implies \Delta S_4 > 0$$

Intuitivamente, $\Delta S_4 > 0$, perché c è la velocità massima raggiunta da W durante la Fase 4, il che implica: $c > x$. Dimostriamo dunque che $c > x$. Il valore medio $\bar{y}$ d'una funzione $f(z)$ integrabile in un intervallo $[a; b]$ è:

$$\bar{y} = \frac{1}{b-a}\int_a^b f(z)dz$$

Pertanto:

$$x = \frac{1}{\tau_4 - 0} \int_0^{\tau_4} (k + a\theta) d\theta =$$
$$= \frac{1}{\tau_4}(k\tau_4 + \frac{1}{2}a\tau_4^2 - k \cdot 0 - \frac{1}{2}a \cdot 0^2) =$$
$$= \frac{1}{\tau_4}(k\tau_4 + \frac{1}{2}a\tau_4^2) = k + \frac{1}{2}a\tau_4$$

Il nostro obiettivo è dimostrare che $c > x$. Ciò è facile:

$$c > x \iff 2c > 2x \iff 2k + 2a\tau_4 > 2k + a\tau_4$$

Come volevasi dimostrare. Concludiamo che:

$$\boxed{\Delta S_4 > 0} \qquad (4)$$

FASE 5

Entrambe le automobili procedono alla medesima velocità costante c:

$$v_J = v_W = c \implies S_{J,5} = S_{W,5} = c\tau_5$$

Pertanto:

$$\Delta S_5 = S_{J,5} - S_{W,5} \implies \boxed{\Delta S_5 = 0} \qquad (5)$$

CONCLUSIONE.

Prendiamo in considerazione la quantità:

$$\Delta S_{tot} = \Delta S_1 + \Delta S_2 + \Delta S_3 + \Delta S_4 + \Delta S_5$$

Chiaramente:

- se $\Delta S_{tot} > 0$, allora J ha coperto una distanza maggiore rispetto a W;

- se $\Delta S_{tot} = 0$, allora J ha coperto la medesima distanza coperta da W;

- se $\Delta S_{tot} < 0$, allora J ha coperto una distanza minore rispetto a W.

Ora, alla luce delle equazioni da (1) a (5):

$$\Delta S_{tot} = \underbrace{\Delta S_1}_{=0} + \underbrace{\Delta S_2}_{>0} + \underbrace{\Delta S_3}_{>0} + \underbrace{\Delta S_4}_{>0} + \underbrace{\Delta S_5}_{=0} \implies \Delta S_{tot} > 0$$

Concludiamo che **l'automobile J ha coperto una distanza maggiore rispetto all'automobile W** durante l'intervallo di tempo T che è la durata dell'osservazione.

3.

LE DUE AUTOMOBILI TENGONO LA MEDESIMA VELOCITÀ MEDIA IN OGNI TRATTO DI STRADA.

Suddividiamo il percorso in tre tratti di strada:

- Tratto U — quello prima del Tratto I;

- Tratto I — la discesa;

- Tratto D — quello dopo il Tratto I.

TRATTI U E D.

Quando una qualunque delle due automobili si trova sul Tratto U, essa procede a velocità costante. Lo stesso vale per il Tratto D. Pertanto, **a prescindere da quale automobile si prenda in considerazione**, la velocità media sul Tratto U è:

$$\bar{v}_U = k$$

In maniera analoga, la velocità media sul Tratto D è pari a:

$$\bar{v}_D = c$$

per entrambe le automobili.

TRATTO I.

Abbiamo già calcolato che la velocità media sul Tratto I è pari a:

$$x = k + \frac{1}{2}a\tau_4$$

Si prega di notare che:

$$\tau_4 = \tau_2$$

4.

RIASSUNTO.

Il tempo di osservazione è T. L'automobile J copre una distanza maggiore rispetto a W. Tuttavia, in ciascun tratto di strada, le due automobili tengono la medesima velocità media. **Come spiegate questo paradosso?**

5.

SOLUZIONE.

Al fine d'impedire un'occhiata accidentale alla soluzione, ho deciso di riassumerla in una singola frase e codificarla. A numero uguale corrisponde lettera uguale:

1.2.   3.4.1.5.6.2.6.   7.

8.9.10.11.5.6.9.9.4.   10.

3.4.2.6.5.1.8.10.   12.   13.14.10.

15.9.6.15.6.9.16.1.6.14.4.   17.1.

8.4.18.15.6.   18.10.19.19.1.6.9.4.   9.1.11.15.4.8.8.6.

10.   20.

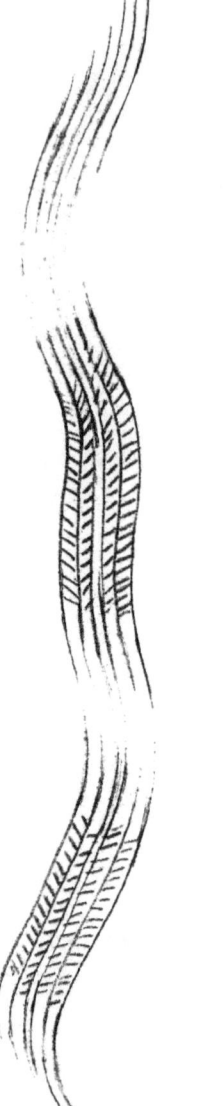

A	10.
C	5.
D	17.
E	4.
G	19.
I	1.
J	20.
K	12.
L	2.
M	18.
N	14.
O	6.
P	15.
R	9.
S	11.
T	8.
U	13.
V	3.
W	7.
Z	16.

6.

ULTIME OSSERVAZIONI.

Questa sezione finale elenca la variazione permessa per ciascun parametro. Infatti, per quanto possa essere divertente pensare a come il problema degenererebbe quando i parametri assumessero valori prossimi ai limiti di variazione qui sotto esposti, o superassero tali limiti, io preferisco mantenere il problema, per così dire, realistico, in quanto una soluzione elegante a questo paradosso si deve ricercare nello spettro d'una variazione verosimile. Sto sfidandovi con una situazione realistica, non con un semplice problema di estremi.

$$
\begin{aligned}
k &\in (0; +\infty) \\
d &\in (0; +\infty) \\
l &\in (0; +\infty) \\
h &\in (0; d) \\
\alpha &\in (0°; 90°)
\end{aligned}
$$

RINGRAZIAMENTI.

Un ringraziamento speciale deve essere rivolto ad Alberto Giorgi, mio fratello, per l'aiuto offertomi nella bella impaginazione di questo volume, per il sostegno, e, non da ultimo, per avermi suggerito il modo di calcolare x.

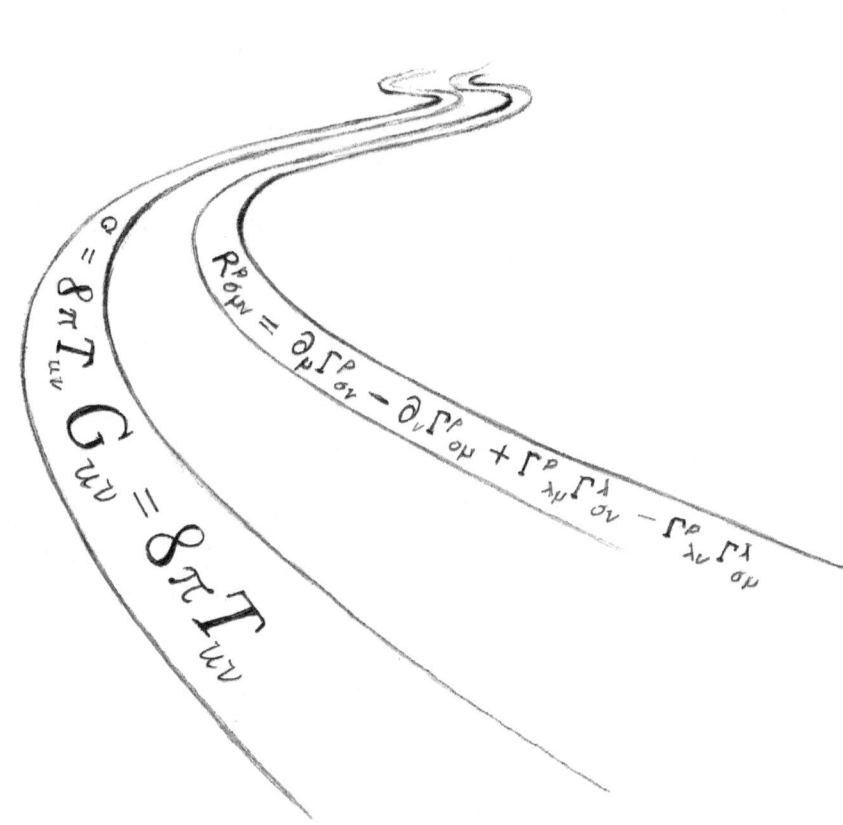

www.ingramcontent.com/pod-product-compliance
Lightning Source LLC
Chambersburg PA
CBHW031516210526
45464CB00007B/2937